水果背后的秘密系列

U0384906

草莓,你从哪里来

温会会 / 编　北视国 / 绘

浙江人民美术出版社

草莓无论外形还是味道，都是一种非常受人欢迎的水果。除了食用，人们还喜欢把它的图案印在衣服上，或者设计成可爱的装饰品。

2

让我们来仔细观察这颗熟透的大草莓吧！它红润多汁的部分是花托形成的假果，真正的果实是点缀在表面的淡黄色小颗粒！每一个颗粒里面都藏着种子。

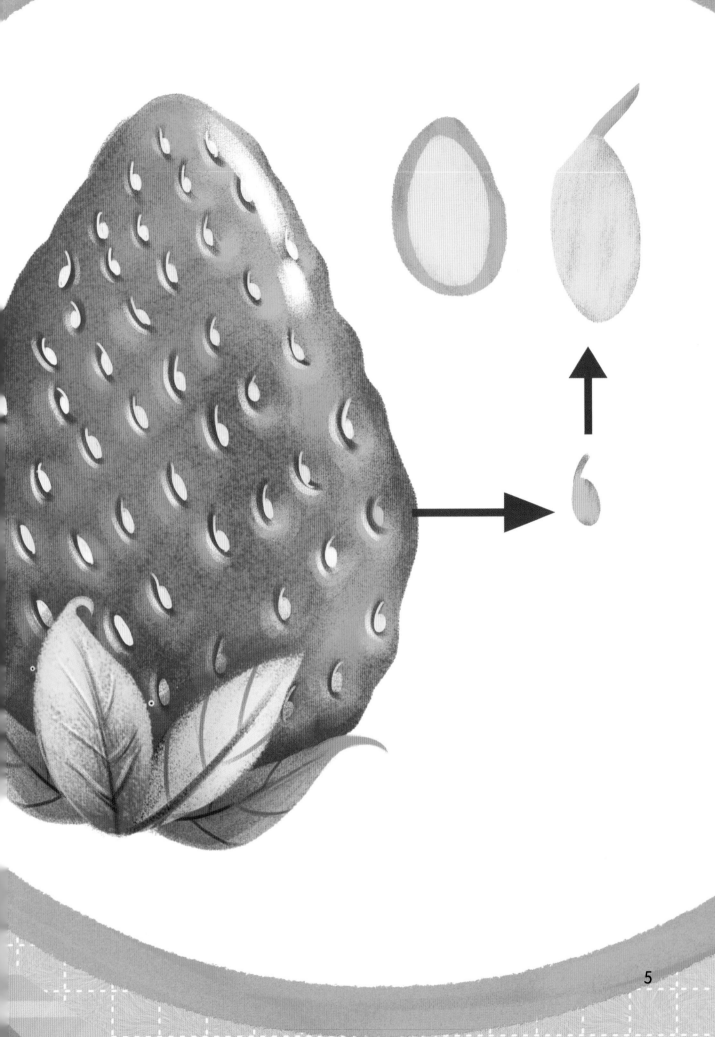

你在花盆里种过草莓吗？如果没有的话，就来试试吧！先将肥沃的新土装入花盆，然后撒下草莓种子，让它们被土壤均匀覆盖；把水浇透后，再将花盆放在阳台或通风的地方。

发芽，就是从种子当中长出一株完整的幼苗。瞧啊——不经意间，小草莓已经冒出了嫩嫩的绿芽，准备开始演绎它美好的生命啦！

阳光好温暖！小草莓，我们一起晒太阳吧，只有光照充足，你将来结出的果实才会更甜喔！

富含营养的肥料是小草莓的大餐，吃饱了才有力气长大呀！另外，记得及时清除枯黄的叶子，别让它腐烂后成为害虫繁殖的温床。

12

糟糕，冷空气来了！娇嫩的小草莓可经不起风吹雨打，赶紧挪到室内避一避吧！

草莓开花啦！还吸引来一位能干的"客人"——大黄蜂。它会从这些娇小的花朵里采集花粉和花蜜。

当花粉落在雌蕊上，这朵花就受精了，一颗小小的果实开始生长。

小蜗牛，你也喜欢草莓吗？可它还没有长大，让我们一起耐心等待好吗？等它成熟，我一定挑一颗最大的送给你！

从淡绿色到白色，再过渡到红色，草莓在陆续成熟。再过不久，等它们全都红透了，就可以采摘啦！

20

春夏时节，当我们去郊外踏青时，或许能遇到一种长得和草莓很像的小水果——树莓。它生长在带刺的灌木上，味道酸甜，富含能抗氧化的花青素。

草莓还有"水果皇后"的美誉。它所含的维生素 A 和胡萝卜素对眼睛很有好处。草莓中丰富的维生素 C 能让皮肤变得更健康红润。经过人工培育，现在不单单只有红草莓，还有黄草莓和白草莓！

收获了这么多草莓，快叫小伙伴们一起来分享吧！你一口，我一口，每一口都是最甜美的滋味！

图书在版编目（CIP）数据

草莓，你从哪里来 / 温会会编；北视国绘 . -- 杭
州 : 浙江人民美术出版社 ，2022.2
（水果背后的秘密系列）
ISBN 978-7-5340-9355-5

Ⅰ. ①草… Ⅱ. ①温… ②北… Ⅲ. ①草莓—儿童读
物 Ⅳ. ① S668.4-49

中国版本图书馆 CIP 数据核字（2022）第 018450 号

责任编辑：郭玉清
责任校对：黄　静
责任印制：陈柏荣
项目策划：北视国

水果背后的秘密系列

草莓，你从哪里来　　　　　　　　　　　　　　　　温会会　编　北视国　绘

出版发行：浙江人民美术出版社
地　　址：杭州市体育场路 347 号
经　　销：全国各地新华书店
制　　版：北京北视国文化传媒有限公司
印　　刷：山东博思印务有限公司
开　　本：889mm×1194mm　1/16
印　　张：2
字　　数：20 千字
版　　次：2022 年 2 月第 1 版
印　　次：2022 年 2 月第 1 次印刷
书　　号：ISBN 978-7-5340-9355-5
定　　价：39.80 元

★如发现印装质量问题，影响阅读，请与承印厂联系调换。